L'HYGIÈNE DU SABOT

DES CHEVAUX DES VILLES

L'HYGIÈNE DU SABOT

DES CHEVAUX DES VILLES

CONSEILS PRATIQUES AUX HOMMES DE CHEVAL

PAR

Paul WALDTEUFEL
Vétérinaire en premier à l'École supérieure de Guerre

Ouvrage orné de 27 figures dessinées d'après nature par Mich
ou photographiées

PARIS
LIBRAIRIE J. ROTHSCHILD
LUCIEN LAVEUR, ÉDITEUR
13, RUE DES SAINTS-PÈRES (VI°)

L'HYGIÈNE DU SABOT
DES CHEVAUX DES VILLES

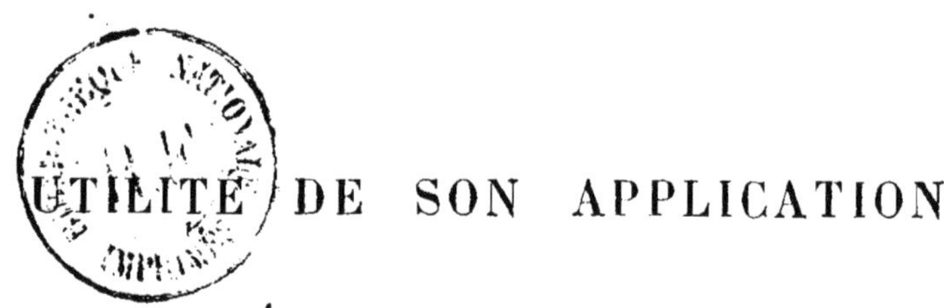

UTILITÉ DE SON APPLICATION

Le cheval est, de tous les animaux, le plus précieux auxiliaire de l'homme et, tout en rendant hommage au génie humain qui tend à le suppléer, dans une certaine mesure, avec des moteurs dont le perfectionnement fait d'incessants progrès, il faut convenir que nous sommes encore loin du moment où nous pourrons nous passer de lui.

Il n'est donc pas superflu de chercher à le rendre aussi utile et aussi agréable que possible.

Sans faire au noble animal l'offense de le comparer à une machine qui ne pourra jamais rivaliser avec lui pour l'adresse et l'élégance, on peut remarquer que, si la marche régulière et continue d'un moteur mécanique dépend de son bon entretien, la régularité et la qualité des allures d'un cheval dépendent des conditions hygiéniques dans lesquelles sont placés ses organes moteurs.

L'hygiène des organes locomoteurs du cheval peut donc être comparée à l'entretien des pièces d'une machine motrice.

S'il est indispensable que le mécanicien connaisse l'agencement et le rôle de chacune des pièces de sa machine pour l'entretenir dans des conditions telles qu'elle fera le meilleur service, il n'est pas moins utile que l'homme de cheval ait tout au moins un aperçu sur l'agencement et le rôle des différents organes du pied.

Il faut connaître la structure, la disposition des organes essentiels de l'appareil locomoteur du cheval pour employer avec discernement les moyens à l'aide desquels on peut assurer l'intégrité de ces organes. Ces connaissances, si limitées qu'elles soient, permettent de faire de l'hygiène appliquée avec méthode et empêcheront de commettre des erreurs préjudiciables *à la conservation du cheval!...*

ORGANISATION DU PIED DU CHEVAL

DESCRIPTION SOMMAIRE DES ORGANES QUI LE COMPOSENT

Le *pied du cheval* est formé d'un ensemble d'organes qui, grâce à leur merveilleux agencement, peuvent produire le plus aisément possible la phase principale de la locomotion ; phase pendant laquelle le membre, après avoir été projeté en avant plus ou moins vigoureusement, selon les allures, vient s'appuyer sur le sol en supportant tout le poids de la partie du corps à laquelle il correspond.

Le pied du cheval doit annihiler les effets de la transmission au membre du choc qui sera d'autant plus violent que l'allure sera plus vive et le sol plus dur. Il doit, en outre, se prêter à l'action des forces qui se concentrent vers lui pour faire mouvoir le membre et produire le déplacement du corps.

Le levé et le mouvement du membre ne pourront se faire aisément que si son appui s'effectue dans de bonnes conditions.

Si le pied du cheval était conformé de telle façon que la sensibilité produite par le choc sur le sol se transmette directement à tout le membre, la

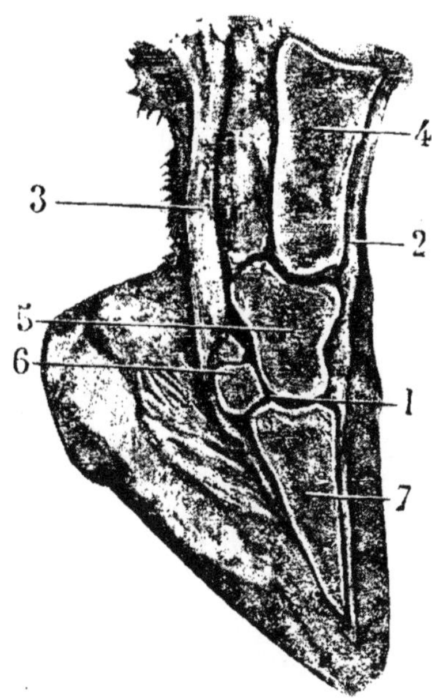

FIG. 1. — Coupe longitudinale de l'extrémité digitale du cheval.

1. Articulation du pied. — 2. Tendon extenseur des phalanges. — 3. Tendon fléchisseur. — 4. Première phalange ou os du paturon. — 5. Deuxième phalange ou os de la couronne. — 6. Os naviculaire. — 7. Troisième phalange ou os du pied.

douleur éprouvée gênerait l'action de ce membre, et la marche ne serait plus ce qu'elle doit être.

Le pied du cheval est un véritable appareil composé d'organes destinés, les uns à participer au mouvement du membre, les autres à faciliter l'action des précédents et à les mettre à l'abri des influences extérieures qui pourraient gêner leur fonctionnement.

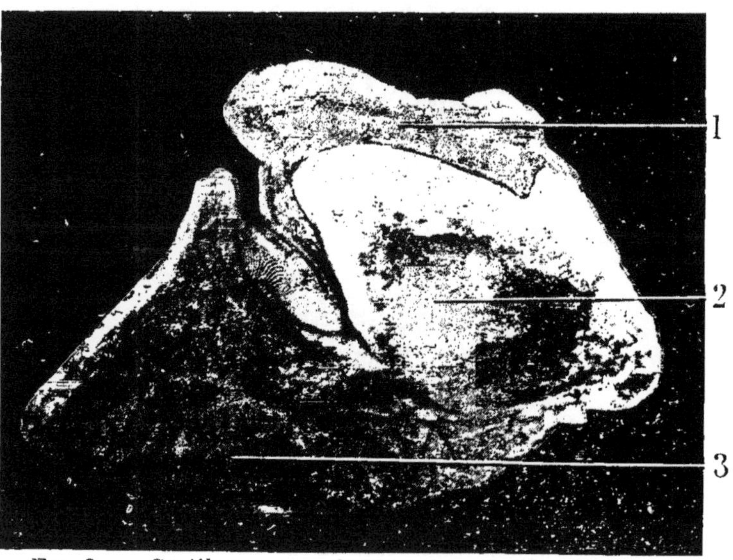

Fig. 2. — Cartilages complémentaires de l'os du pied.
1. Cartilage vu par sa face interne. — 2. Cartilage vu par sa face externe.
3. Troisième phalange ou os du pied.

On peut le diviser en deux parties :

1° Le pied proprement dit qui comprend les parties profondes ;

2° Le sabot formé de l'enveloppe de corne.

Le *pied proprement dit* est la terminaison du membre, ou mieux, l'extrémité digitale et, à ce titre, il est formé, comme les autres régions du membre, par des *os* (5, 6, 7, *fig.* 1), joints entre eux à l'aide d'*articulations* (1, *fig.* 1).

Ces os sont mis en mouvement par des *tendons* (2 et 3, *fig.* 1), qui terminent les muscles dont la contraction fait prendre au membre les positions

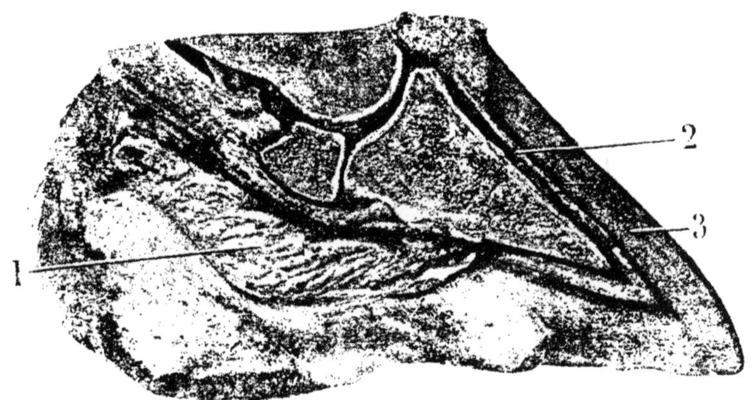

Fig. 3. — Coupe longitudinale du pied du cheval.
1. Coussinet plantaire. — 2. Chair du pied. — 3. Sabot.

diverses dans lesquelles il se trouve pendant la marche.

De chaque côté de cette partie du squelette du pied se trouvent deux plaques cartilagineuses (1, 2, *fig.* 2), qui semblent prolonger latéralement l'os principal du pied et qui, pour cette raison, portent le nom de *cartilages complémentaires de l'os du pied.*

Ces cartilages sont souples et flexibles; ils se

dépriment facilement et, en s'écartant, ils donnent de l'aisance aux parties actives du pied.

En dessous de l'extrémité du squelette du pied est placé un coussinet formé d'un tissu très élastique : c'est le *coussinet plantaire* (1, *fig.* 3), destiné à amortir les chocs pendant que le pied frappe le sol. Sous l'effet de la pression exercée par le membre, il s'écrase et, en s'élargissant, il fait dilater le pied.

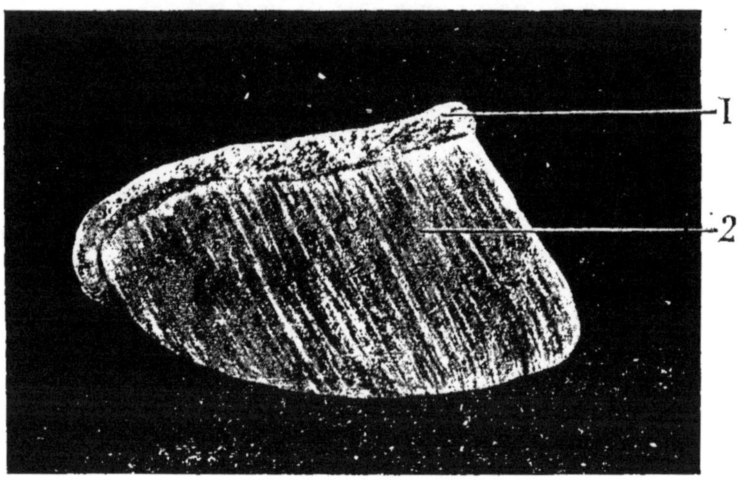

Fig. 4. — Chair du pied.

1. Bourrelet; à la surface se trouvent les éléments producteurs de la corne. — 2. Tissu feuilleté représenté par des lamelles longitudinales.

Tous ces organes sont enveloppés par une membrane d'aspect charnu qui se moule sur eux.

Cette membrane de revêtement, appelée *chair du pied* (*fig.* 3, 4 et 5), est non seulement destinée à contenir les organes essentiels du pied, comme le

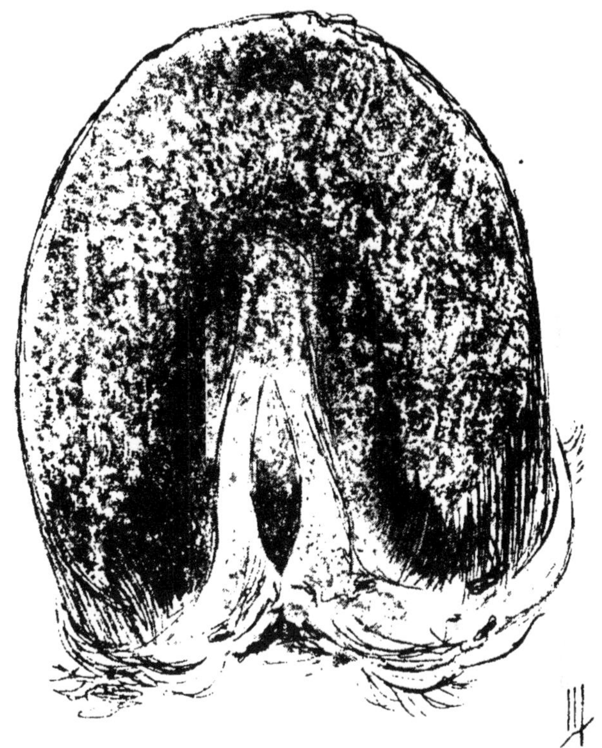

Fig. 5. — Tissu velouté hérissé à sa surface par des villosités.

fait aux autres régions du membre la peau, dont elle n'est que la continuation, mais elle est pourvue des éléments qui produisent la corne.

Cette chair comprend trois parties : le *bourrelet*

qui est recouvert de papilles ou organes principaux de la sécrétion de la corne (1, *fig.* 4). Le *tissu feuilleté* dont les feuillets s'engrènent dans les lamelles de corne de la face profonde de la paroi (2, *fig.* 4). Le *tissu velouté* (*fig.* 5), dont les aspérités appelées villosités s'introduisent dans les petits trous qui sont à la surface de la face supérieure de la sole et de la fourchette.

En outre, cette chair a une structure qui lui permet de servir de trait d'union entre le pied et le sabot.

ORGANISATION ET PROPRIÉTÉS
DU SABOT DU CHEVAL

Le sabot du cheval (*fig.* 6 et 7) est une boîte de corne qui contient les parties vives du pied. Il est

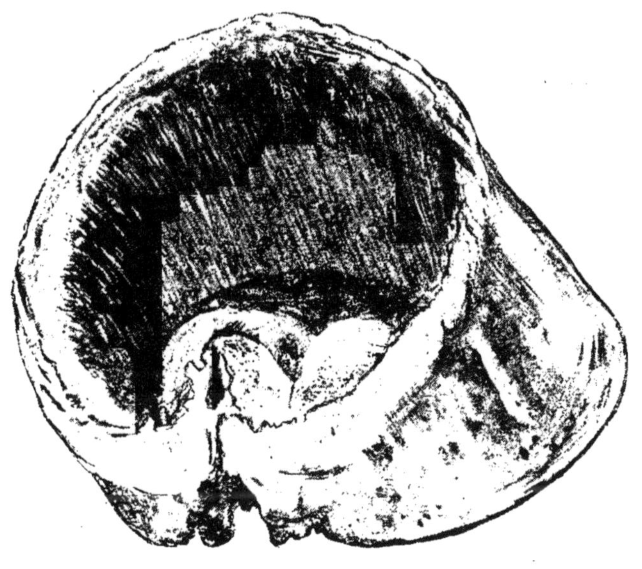

Fig. 6. — Sabot du cheval vu du côté de la face interne.

formé par l'assemblage de pièces soudées entre elles et unies intimement à la chair du pied.

Ces pièces portent les noms de : *paroi*, *sole*, *fourchette* et *périople*.

La *paroi* (*fig*. 7 et 8) est la partie apparente lorsque le pied pose sur le sol, c'est le pourtour du sabot. Sa forme est celle d'une bande de corne

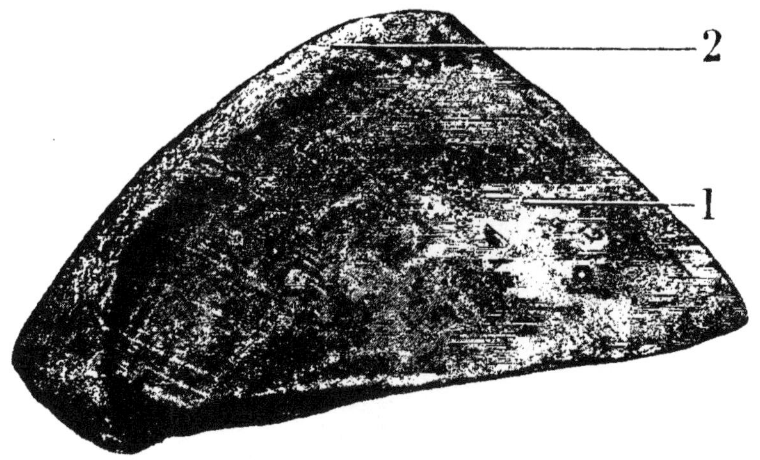

FIG. 7. — Sabot du cheval vu de profil et face externe de la paroi.
1. Paroi. — 2. Périople.

plus large au milieu qu'aux extrémités. Ces dernières sont recourbées d'arrière en avant et de dehors en dedans (3, *fig*. 8).

La face interne est tapissée de lamelles de corne (1, *fig*. 8) entre lesquelles se logent les feuillets de chair.

Cette disposition lui donne une certaine flexibilité. Il est facile de l'étendre en écartant ses extrémités.

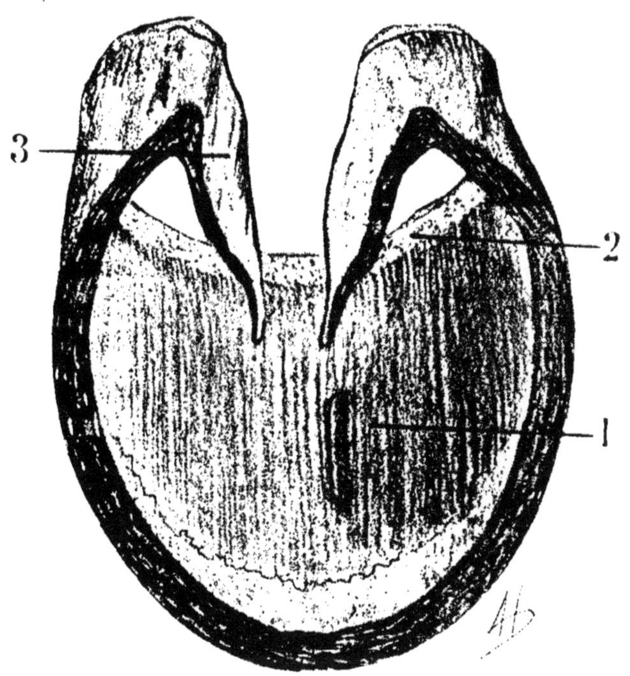

Fig. 8. — Paroi vue de sa face profonde.

1. Feuillets de corne dans lesquels s'engrènent les lamelles du tissu feuilleté. — 2. Gouttière dans laquelle est logé le bourrelet qui secrète la corne. — 3. Barres ou parties repliées de la paroi.

La *sole* (*fig.* 9 et 11) est le plancher du sabot; elle a la forme d'un croissant légèrement concave du côté de sa face inférieure. Ses extrémités se mettent en rapport avec les parties contournées de la paroi. Du côté de la face supérieure se trouvent des petits trous dans lesquels viennent s'introduire les villosités du tissu velouté.

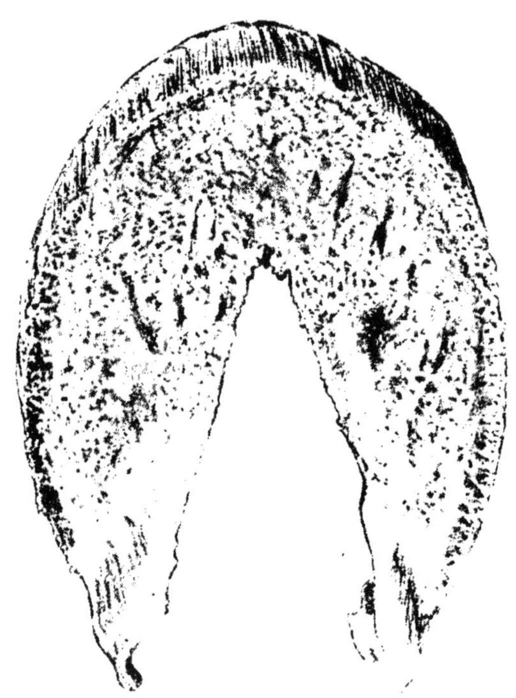

Fig. 9. — Sole vue par sa face profonde et supérieure.
Elle est parsemée de petites perforations dans lesquelles viennent se loger les villosités du tissu velouté.

Sous l'effet de la pression, elle est susceptible de s'aplatir et d'étendre sa périphérie.

La *fourchette* (*fig.* 10 et 11) est un coin de corne souple et élastique qui recouvre le coussinet plantaire et remplit l'angle formé par le bord intérieur de la sole. Elle présente, dans son milieu, une large fente appelée *lacune médiane* (*fig.* 11), qui la divise postérieurement en deux *branches* (*fig.* 11),

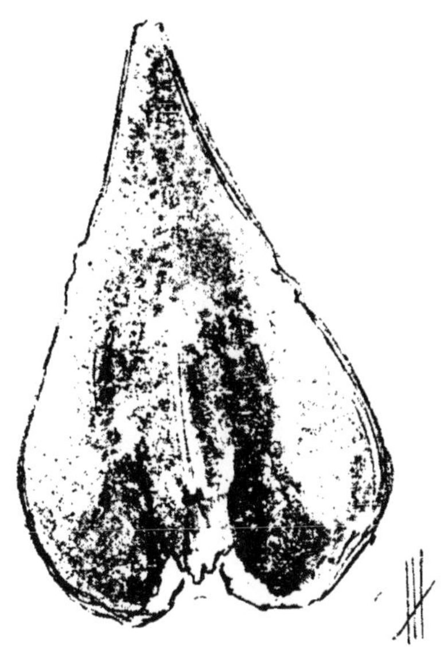

FIG. 10. — Fourchette vue par sa face supérieure parsemée de petites perforations dans lesquelles viennent se loger les villosités du tissu velouté.

qui vont, en divergeant, s'unir à chacune des extrémités de la paroi.

Cette pièce du sabot se déprime avec la plus grande facilité sous l'effet de la pression exercée par l'appui du membre ; la dépression ainsi produite fait écarter les branches. Cet écartement, semblable à l'action d'un ressort, a pour objet la distension de la paroi ou mieux l'agrandissement de la fente inféro-postérieure du sabot (*fig.* 11), ou lacune médiane.

La divergence des branches de la fourchette

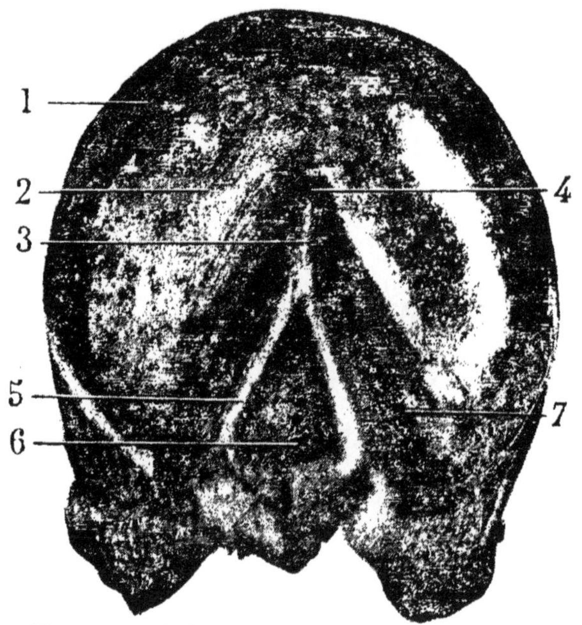

Fig. 11. — Sabot vu par sa face plantaire.

1. Paroi. — 2. Sole. — 3. Corps de la fourchette. — 4. Pointe de la fourchette. — 5. Branche de la fourchette. — 6. Lacune médiane. — 7. Lacune latérale.

s'effectuera d'autant mieux que les vides qui les avoisinent latéralement, vides appelés « lacunes latérales » (*fig.* 11), seront plus larges.

Le *périople* (1, *fig.* 12) est une étroite et mince bande de corne, qui est intimement soudée à la fourchette et fait tout le tour de la partie supérieure de la paroi. Il secrète la substance qui donne le verni à la corne.

Ces différentes pièces, en se soudant entre elles,

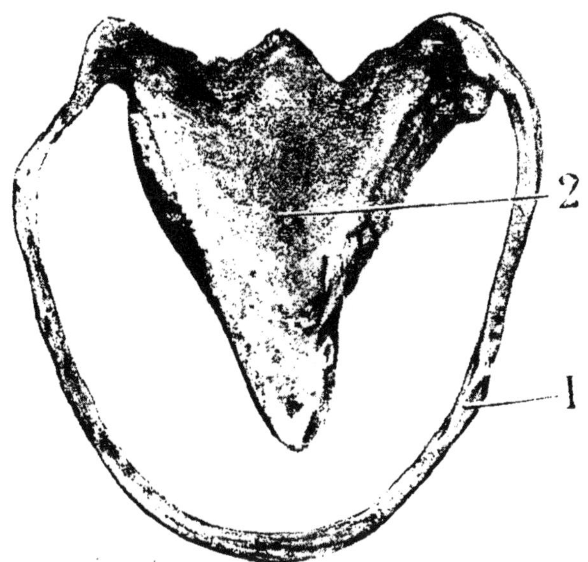

FIG. 12. — Périople.
1. Périople. — 2. Face supérieure de la fourchette.

forment une boîte de corne solidement unie à la chair du pied. C'est un appareil de protection qui met le pied à l'abri des influences extérieures. En outre, la flexibilité de ses pièces s'oppose à toute compression sur les organes actifs qu'il contient ; il les aide, par sa disposition, à remplir intégralement chacune de leurs fonctions.

PROPRIÉTÉS DE LA CORNE

La corne qui enveloppe le pied du cheval est une substance solide, d'un aspect compact, jouissant

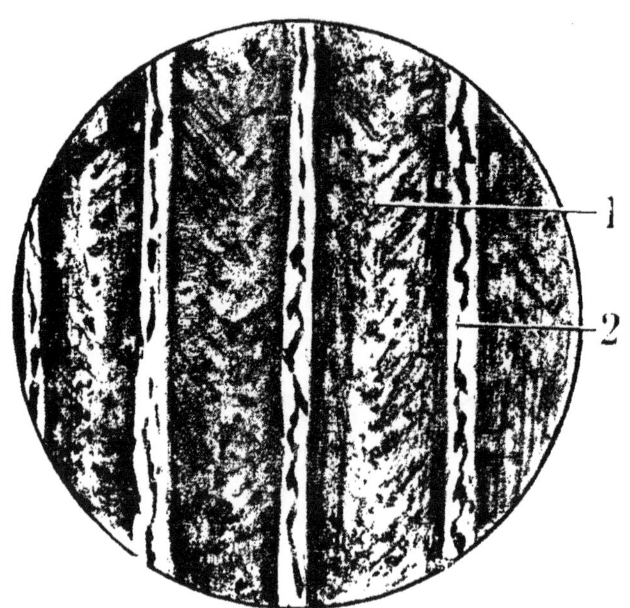

Fig. 13. — Coupe longitudinale de la corne vue au microscope.
1. Tube corné. — 2. Substance intertubulaire.

d'une certaine élasticité; elle est essentiellement hygroscopique.

Son analyse chimique montre que la proportion d'eau qui entre dans sa composition est de 16,12 0/0 pour la paroi, 36 0/0 pour la sole et 42 0/0 pour la fourchette. D'après cela, on s'explique pourquoi elle conserve sa souplesse à l'humidité et pourquoi aussi la sole et la fourchette supportent plus difficilement les effets de la sécheresse que la paroi.

La corne est formée d'une foule de tubes cylindriques rectilignes ou ondulés, parallèles entre eux, que l'on voit très bien au microscope, même avec un faible grossissement (*fig.* 13).

Chacun de ces tubes n'adhère pas avec ses voisins, il en est séparé par une substance intertubulaire (3, *fig.* 14). Ils ont une paroi formée d'une substance tubulaire (2, *fig.* 14) et, enfin, ils renferment dans leur intérieur une substance intratubulaire (1, *fig.* 14).

Séparés par une substance moins consistante que leur substance propre, les tubes de la corne jouissent d'une indépendance relative. La substance qu'ils renferment est également moins consistante que la substance qui forme les parois des tubes.

L'examen microscopique et comparatif d'une coupe de corne fraîche et d'une coupe de corne sèche fait constater que la déshydratation rend le tissu corné plus dense et moins souple. La sécheresse fait raréfier et donne plus de consistance aux substances intertubulaire et intratubulaire.

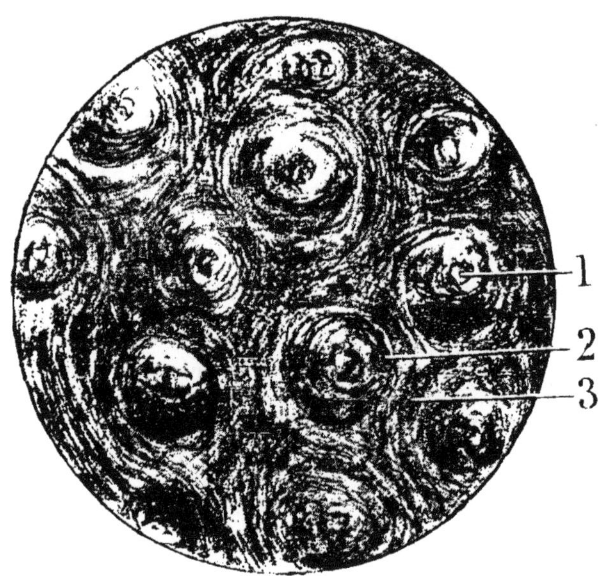

Fig. 14. — Coupe transversale de la corne vue au microscope.
1. Substance intratubulaire. — 2. Substance tubulaire.
3. Substance intertubulaire.

D'après ce fait on se rend compte du rôle important que remplit le pouvoir hygroscopique de la corne, c'est lui qui préside au bon entretien du sabot.

FORMATION ET CROISSANCE DE LA CORNE

La corne pousse d'une façon continue et, sur le pied qui n'a jamais été ferré, l'usure du sabot est contrebalancée par son accroissement régulier.

Sur le pied ferré habituellement et auquel on retire le fer, la paroi se raccourcit rapidement pour prendre une longueur inférieure à la normale, parce que les tubes cornés, à leur terminaison, ont été altérés par la carbonisation, lors de l'application du fer chaud, ainsi que par le passage des clous et le contact permanent du fer.

Mais, dès que les parties détériorées seront remplacées par des parties de tube qui n'auront pas subi les influences de la ferrure, le sabot reprendra les dimensions qu'il doit avoir, et son usure sera proportionnée à son accroissement.

Cette dernière remarque permet de conseiller de ne pas s'effrayer, si, lorsqu'on déferre un cheval habituellement ferré, on le voit, après un certain temps, marcher avec la plus grande difficulté. Il arrive trop souvent que la crainte de voir le pied devenir plus sensible, par suite de l'usure rapide de la corne, fait prendre la fâcheuse habitude de ne pas le laisser déferré plus longtemps. On renonce ainsi aux résultats que l'on veut obtenir. Si rien n'oblige à remettre immédiatement en service le cheval ainsi traité, on peut, en toute sécurité, le laisser déferré le plus longtemps possible. L'accroissement lent, mais régulier, de la corne viendra mettre les choses en état et rendra le pied plus beau qu'il n'était lorsqu'il portait son fer.

Il ne faut jamais perdre de vue que la mauvaise corne, celle qui a été altérée par le contact permanent du fer, s'use plus vite que la bonne et que, par conséquent, il y aura disproportion entre la durée du temps que la vieille corne mettra à disparaître et le temps que la nouvelle corne mettra à descendre.

ÉLASTICITÉ DU PIED

Les détails qui précèdent font pressentir que tout l'appareil podal, son enveloppe cornée comprise, est susceptible d'une certaine expansibilité au moment de l'appui sur le sol.

Sans le concours de cette expansibilité les organes de transmission du mouvement ne pourraient pas fonctionner librement, ils seraient gênés par le choc produit lorsque le pied frappe le sol et l'impression qu'ils ressentiraient se répercuterait sur les autres régions du membre.

Les organes d'amortissement et les pièces du sabot ont une structure et une disposition telles que les effets du choc sont totalement annihilés. C'est grâce à cette structure et à cette disposition que le pied jouit de la propriété de se dilater, en arrière plus particulièrement, au moment où il fait son appui et de revenir à sa forme initiale lorsque le membre est levé. On désigne ce double mouvement d'élargissement et de rétraction par l'expression d'*élasticité du pied*.

L'exposé succinct qui vient d'être fait permet de

se rendre compte du mécanisme de ce phénomène qui n'est que la résultante des effets de chacun des organes d'amortissement.

Au moment du posé du membre sur le sol, la descente des os, plus larges que longs, qui forment le squelette du pied, oblige les cartilages latéraux à s'écarter. Sous l'effet du poids du corps, le coussinet plantaire et la fourchette, qui est directement en rapport avec lui, s'écraseront, la sole s'aplatira.

L'écartement des cartilages aura pour conséquence la dilatation de la partie du sabot qui leur correspond, c'est-à-dire en haut et en arrière.

L'écrasement du coussinet plantaire et de la fourchette sera suivi de l'ouverture de la fente postérieure du sabot. L'écartement de chacun des côtés de cette fente sera proportionné à la divergence des branches de la fourchette qui produiront, sur la paroi, les mêmes effets que les branches d'un ressort.

L'affaissement de la sole entraînera l'extension de sa périphérie et, par suite, l'écartement de ses extrémités; il produira forcément la dilatation du pourtour inférieur du sabot. Ce mouvement se fera avec plus d'intensité en arrière qu'en avant, puisque les extrémités du croissant bombé que forme le plancher de la boîte cornée sont admirablement placées pour obliger les talons de s'écarter.

Au lever du membre, la pression exercée par le squelette de l'extrémité du doigt cessant d'agir, les cartilages latéraux reprendront leur forme initiale; le coussinet plantaire ne sera plus élargi, les branches de la fourchette se rapprocheront, la sole reprendra sa concavité inférieure et la paroi reprendra sa forme primitive.

CONSERVATION DE LA FORME ET DES PROPRIÉTÉS DU SABOT

CHEZ LE CHEVAL A L'ÉTAT LIBRE

Sur le cheval à l'état libre, c'est-à-dire placé dans les conditions hygiéniques les plus naturelles et les plus favorables, l'harmonie qui existe dans la conformation et l'agencement des pièces du sabot n'est pas contrariée et subsiste toujours (*fig.* 15). L'usure naturelle de l'ongle vient contre-balancer les effets de sa croissance. Sa paroi conserve une longueur constante. L'allongement du sabot est nuisible, et l'usure continuelle de la corne du cheval à l'état libre est une des conditions les plus heureuses pour la conservation des allures.

Si l'état de liberté a lieu dans des prairies, l'exercice constant du pied favorisera sa nutrition; les liquides nutritifs, en se déversant en abondance dans ses tissus profonds, entretiendront la souplesse des couches internes de la corne. Le jeu presque continuel de toutes les pièces du sabot leur donnera la force qu'acquièrent les organes qui fonctionnent avec régularité.

Enfin, l'humidité du sol, si faible qu'elle soit, empêchera la corne de se dessécher. Les tubes cornés du pourtour de la paroi et des faces plan-

Fig. 15. — Pied d'un cheval sortant de la prairie et ferré depuis peu de temps.

taires de la sole et de la fourchette s'imprégneront de cette humidité, qui contribuera à les maintenir dans l'état d'hygroscopicité qui leur est indispensable.

ALTÉRATION DE LA FORME ET DES PROPRIÉTÉS DU SABOT

CHEZ LE CHEVAL A L'ÉTAT DE DOMESTICITÉ

Avec l'état de domesticité, les bonnes conditions hygiéniques disparaissent. Sous l'influence des circonstances souvent fâcheuses que nécessitent les services variés auxquels nous utilisons le cheval, son sabot a une grande tendance à perdre sa forme typique et une certaine partie de ses propriétés. La ferrure s'oppose à l'usure régulière de la corne; elle empêche le contact de la partie inférieure des tubes cornés avec l'humidité du terrain. Elle nuit à la répartition régulière de la pression exercée sur le fond de la boîte cornée et à l'appui normal de la face plantaire du pied. Toutes ces causes nuisent au jeu des diverses pièces du sabot.

Le travail sur le terrain dur et sec des routes et des villes fait durcir la corne, qui, en perdant sa souplesse, devient moins expansible.

La stabulation prolongée sur une litière sèche, reposant sur un sol non moins sec et dur, a les mêmes conséquences. Beaucoup de chevaux se trouvent dans ce cas parce que, d'après leur service, ils n'ont à marcher que quelques instants par jour, et presque toute leur existence se passe à l'écurie.

L'état de domesticité nuit considérablement au

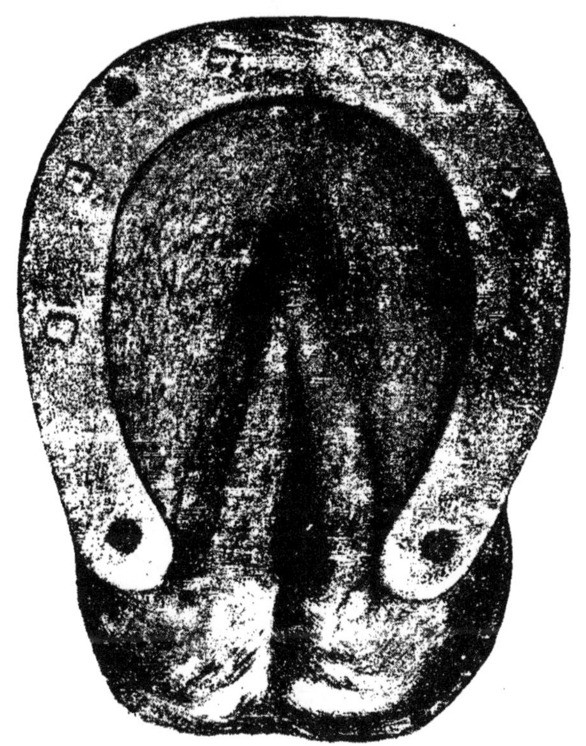

Fig. 16. — Pied d'un cheval en service et ferré depuis plusieurs années.

bon entretien du pied du cheval (*fig.* 16). Les effets de la ferrure, de la stabulation prolongée et du travail sur un terrain sec et dur empêcheront la corne de mettre à profit son pouvoir hygroscopique, aussi bien du côté de ses couches profondes

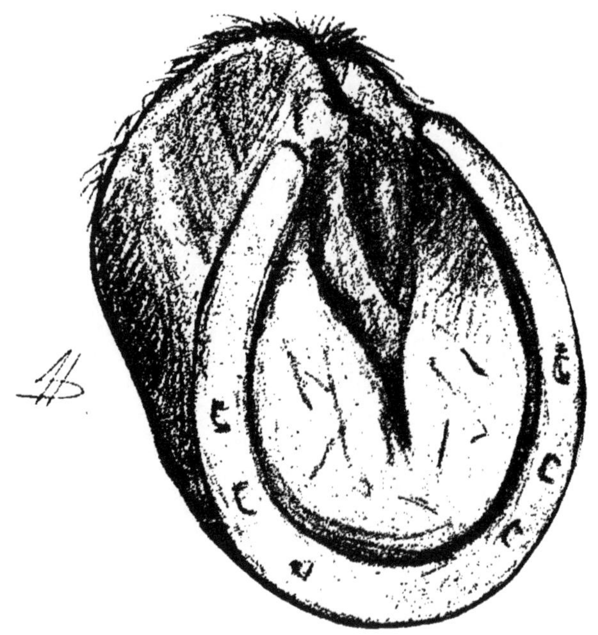

Fig. 17. — Pied d'un cheval en service dont la corne, en se desséchant, a fait rétrécir le sabot.

qu'à sa surface, et elle se dessèchera. Sous l'action la dessiccation, la corne subit un mouvement de retrait, le sabot se déforme, la fente postérieure se ferme, la sole se creuse, la fourchette s'allonge, se rétrécit, ses branches s'amincissent. En se durcissant, la boîte cornée se resserre, elle gêne les organes qu'elle renferme; elle les comprime, les protège mal contre les influences extérieures. Le sabot perd son expansibilité et n'amortit plus suffisamment le choc sur le sol. Dans ces conditions, l'appui se fera avec hésitation, le membre oscillera sur le sol avec peine, les allures se raccourciront. Si le retrait de la corne s'accentue, l'appui sera douloureux, chaque foulée deviendra une souffrance et la boiterie surviendra (*fig.* 17).

HYGIÈNE DU SABOT

SOINS HYGIÉNIQUES A DONNER A LA CORNE

Malgré les circonstances dans lesquelles on est obligé de placer le cheval pour qu'on s'en serve le plus commodément possible, il doit pouvoir nous fournir la plus grande somme de travail, soit par sa force, soit par sa vitesse.

Pour obtenir de lui les meilleurs services et le plus d'agrément, il faut chercher à conserver ses pieds en bon état, il faut maintenir la forme et le bon fonctionnement de ses sabots. En d'autres termes, il faut prévenir les fâcheux effets des circonstances antihygiéniques auxquelles nous ne pouvons pas le soustraire. Les moyens dont nous disposons pour cela sont : une ferrure presque inoffensive et l'entretien de la souplesse de la corne.

Le meilleur moyen de donner au sabot la souplesse et l'élasticité dont il ne peut se passer pour protéger les organes actifs du pied, sans les gêner dans leurs fonctions, est de le priver de fers et de mettre le cheval dans une *prairie* ou un *paddock* humide. Malheureusement ce moyen ne peut être réservé qu'à certains chevaux privilégiés ; aussi doit-il être considéré comme curatif plutôt qu'hygiénique.

La meilleure *litière* est celle qui, par son humidité, maintiendra les tubes cornés dans leur état physiologique et, par suite, conservera à la corne toute son expansibilité.

L'humidité d'une litière ne pouvant s'obtenir qu'aux dépens de la propreté et de la salubrité, on est obligé d'y renoncer dans les écuries de luxe et toutes celles des grandes villes.

On a essayé la *litière de tourbe*, dans le but de faire stabuler les chevaux sur un sol doux et élastique qui absorbe les liquides excrémentitiels. Ce moyen a été délaissé parce qu'il produisait de mauvais effets sur l'état des pieds; les fourchettes s'altéraient. Si l'on considère que la propriété fondamentale de la tourbe est son grand pouvoir absorbant, il n'est pas logique d'admettre qu'elle soit bonne pour conserver l'intégrité de la forme du sabot. Étant plus hygroscopique que la corne, elle ne se bornera pas à garder pour elle seule toute l'humidité qui se trouvera à sa portée, mais elle prendra celle des pieds qui se poseront sur elle.

Les résidus de charbon que l'on met sur les pistes cavalières agissent dans le même sens, parce que le charbon est un corps absorbant.

La *sciure de bois* et le *tan* peuvent être classés dans la même catégorie. Ce sont aussi des substances absorbantes qui, en desséchant la corne, rétrécissent et abîment le pied.

Les écuries les plus luxueuses, les plus confortables, celles dont les litières sont d'une propreté irréprochable, sont généralement plus nuisibles au bon entretien des pieds que l'étable ou l'écurie de ferme, si boueux que soit leur sol. La salubrité des villes exige que les écuries soient sinon confortables et luxueuses, mais, tout au moins, bien tenues. Il faut donc laisser les litières telles qu'elles y sont.

De nombreux moyens ont été préconisés pour remédier aux effets des conditions fâcheuses dans lesquelles on ne peut s'empêcher de placer les pieds des chevaux pendant les nombreuses heures où ils restent dans l'inaction. A défaut de prairies, de paddocks et de litières humides, on a recommandé les bains, les cataplasmes, les lavages fréquents du pied, les onguents de pied, la bouse de vache, le crottin humide, la terre glaise, etc., etc.

Chacun de ces moyens a ses inconvénients et ne suffit pas pour lutter d'une façon efficace contre la tendance que les sabots de nos chevaux de service ont à se déformer.

Nous verrons plus loin que le seul moyen

recommandable est celui qui combat d'une façon continue les effets de la dessiccation de la corne.

Les *bains* font gonfler brusquement la corne, et si, à la sortie de l'eau, on ne prend pas la précaution de graisser immédiatement le pied, l'humidité ne reste pas un temps suffisant, l'évaporation se fait souvent aussi rapidement que l'imbibition; elle détermine un mouvement de retrait des éléments du sabot, et la corne devient cassante. En tout cas, si l'on use des bains, il faut graisser le pied à sa sortie de l'eau et non pas avant, comme on le conseille quelquefois. En graissant avant, on imperméabilise, et l'eau ne pénètre pas.

Les *cataplasmes* de farine de lin ou de son assouplissent la corne d'une façon remarquable, mais ils fermentent facilement et font suppurer la fourchette. En outre, ils durcissent la corne, lorsqu'ils se dessèchent. Pour que le cataplasme produise ses meilleurs effets, il faut l'imbiber d'une solution antiseptique et le maintenir toujours humide. Les substances qui entrent dans la composition des cataplasmes sont très avides d'eau; il faut qu'elles en soient saturées, pour qu'elles en cèdent à la corne et ne prennent pas son humidité.

Le *graissage* du pied ne doit être considéré que comme un simple moyen de propreté. C'est une grosse erreur de croire que les corps gras avec lesquels on enduit le pourtour du sabot remplacent son verni naturel, ou encore qu'ils assouplissent la corne et activent sa sécrétion. Si l'on plonge un sabot sec dans de la graisse ou de l'huile, sa surface deviendra peut-être plus luisante, mais il restera toujours sec.

En se rancissant, les corps gras et l'huile plus particulièrement, détériorent la corne ; ils font gercer le bourrelet.

Les *onguents de pied*, réputés comme des préservatifs ou des remèdes sérieux contre les boiteries, n'ont aucune influence, aucune action sur la corne. D'ailleurs, le pied graissé outre mesure est bien vite sali par la poussière des routes et, d'autre part, si on se rappelle ce qui a été dit plus haut au sujet des bains, on verra que le graissage exagéré du sabot fait perdre le bénéfice que l'on peut tirer des bons effets de la pluie ou de la boue sur les éléments de la corne. Ces éléments ont besoin d'humidité ; il ne faut donc perdre aucune des occasions qui permettent d'en mettre à leur portée.

Les chevaux de labour, qui conservent généralement leurs pieds en excellent état, n'ont jamais les pieds graissés, tandis que les chevaux de luxe, si sujets aux altérations du pied, ne sortent jamais sans avoir les sabots couverts d'onguent.

Le seul but de l'onguent de pied est de faire paraître le cheval mieux soigné et, à ce titre, il faut y recourir. Mais, en raison des nombreuses marques qui circulent dans le commerce, il est bon de choisir celui qui est le meilleur pour que les détériorations de la corne soient moins à craindre.

Le meilleur onguent est celui dans lequel le goudron végétal forme la base.

La *bouse de vache* et le *crottin humide* sont aussi bons que les cataplasmes; mais ils ont les mêmes inconvénients : ils font suppurer les fourchettes et prennent l'eau de constitution de la corne en se desséchant.

EFFETS DU GOUDRON SUR LA CORNE

On vient de voir que le meilleur onguent de pied est celui qui renferme le plus de goudron de bois. On peut ajouter que la graisse qu'on lui associe n'est qu'un excipient qui a pour but de rendre la préparation plus lubréfiante et plus facile à appliquer.

Le goudron de bois ou de Norwège a des propriétés spéciales qui font de lui l'agent hygiénique par excellence pour conserver le pied dans le meilleur état possible.

Il ne faut pas confondre la variété goudron végétal avec le goudron minéral, dont les effets sont opposés. Le premier assouplit la corne, tandis que le second la rend cassante. On peut démontrer expérimentalement l'action salutaire que le goudron végétal produit sur la corne.

Si, après avoir enlevé sur le cadavre d'un cheval deux pieds bien semblables de forme, les antérieurs par exemple, on les désabote convenablement, et on expose l'un de ces sabots à l'air libre pendant que l'autre sera plongé dans le goudron végétal, on fera les remarques suivantes :

Après un certain temps, le sabot exposé à l'air libre se desséchera, se durcira, se déformera. Il perdra sa forme évasée ; ses talons se rapprocheront, se toucheront, se monteront l'un sur l'autre (chevauchement) ; les extrémités rentrées de la paroi (barres) perdront leur inclinaison normale et prendront une direction plus ou moins verticale ; la sole se creusera, comme si elle était refoulée de bas en haut ; la fourchette se rétrécira ; ses branches s'amincironl, s'accoleront l'une à l'autre ; les trois fentes (lacunes) disparaîtront. A la longue, la corne se recoquevillera (*fig.* 18).

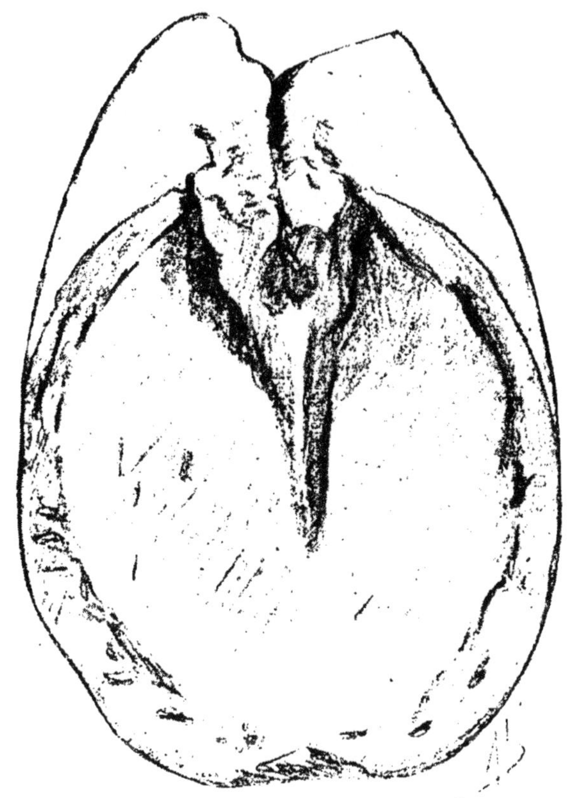

Fig. 18. — Sabot desséché après avoir été exposé à l'air libre pendant un an.

Le sabot plongé dans le goudron ne subit aucun changement; si longue que soit l'immersion, il conserve toujours sa forme primitive et le même aspect.

Le goudron assouplit la corne d'une façon remarquable; il maintient la forme normale des

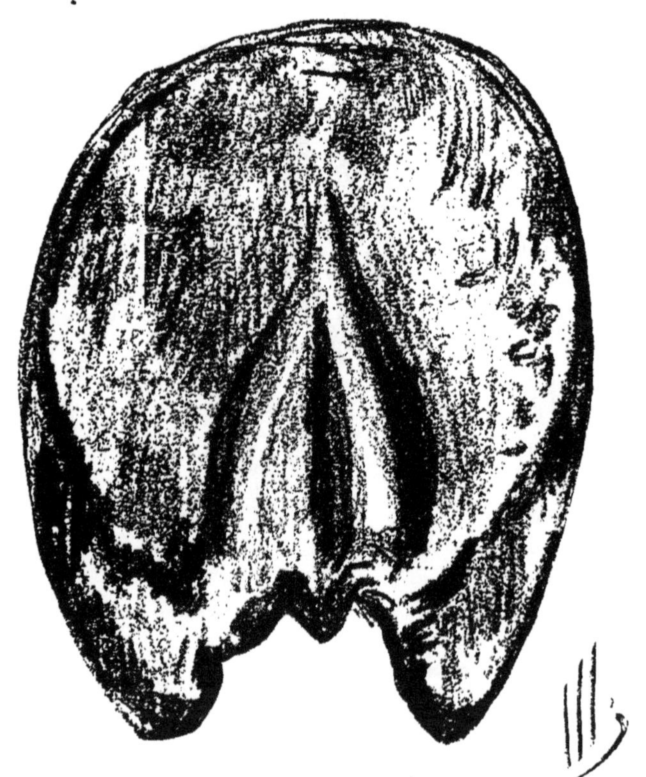

Fig. 19. — Sabot immergé dans le goudron pendant un an. Sa forme primitive n'a pas varié. Il a conservé toutes ses dimensions telles qu'elles étaient les premiers jours de l'immersion.

tubes cornés; il met le sabot à l'abri des influences extérieures, qui contribuent à le faire dessécher et resserrer (*fig*. 19).

Cette propriété du goudron peut être constatée sur l'animal vivant.

Lorsqu'un pied sec à corne dure, se laissant difficilement attaquer par les instruments du maréchal, est soumis à l'action continue du goudron, on le voit se transformer rapidement : il reprend l'aspect et la forme qui lui conviennent pour remplir ses fonctions dans les meilleures conditions. Il en résulte qu'avec l'usage du goudron on arrive à conserver les allures d'un cheval et à prévenir en même temps un grand nombre de boiteries qui reconnaissent pour cause la dessiccation de la corne et l'altération des tubes cornés.

Pour obtenir les résultats les plus avantageux, il ne faut pas perdre de vue que l'action du goudron doit être continue. Un simple badigeonnage du pied à la rentrée à l'écurie ne sert à rien; le goudron, en se collant à la litière, n'adhère plus assez intimement à la corne et ne peut plus l'assouplir suffisamment. Le badigeonnage à la sortie de l'écurie ne vaut guère mieux; la poussière et la boue font donner au pied ainsi badigeonné le plus vilain aspect.

Pour fixer le goudron au pied sans le salir, on a imaginé tout d'abord le procédé suivant : Badigeonner toute la face plantaire du pied et recouvrir avec un vieux morceau de couverture à laquelle on a donné la forme du dessous du pied. Ce moyen ne peut être employé que pendant le séjour à l'écurie.

Le goudronnage du pourtour du sabot n'est pas utile. L'imprégnation des substances mises au contact du pied ne peut se faire que par l'intermédiaire de la partie inférieure des tubes cornés et, par conséquent, par la face inférieure du sabot.

Le goudron supplée l'humidité du sol pour les pieds exposés à la sécheresse, soit pendant le travail, soit pendant la stabulation. Mais, pour qu'il produise des résultats très satisfaisants, il faut qu'il puisse agir sur la corne d'une façon permanente. A cet effet, on recouvre le dessous du pied d'un pansement goudronné fixé à demeure avec une plaque de cuir. Ce pansement consiste en un goudronnage complet de toute la face plantaire du pied ; une couche d'étoupe fixe le goudron sur la corne, et une plaque de cuir interposée sous le fer maintient le tout. La plaque de cuir doit avoir une certaine épaisseur pour résister à l'usure produite par le frottement sur le sol pendant la marche ; sa durée doit être égale à celle du fer.

Ce moyen hygiénique, ou mieux, prophylactique, pour préserver le pied des altérations consécutives à la dessiccation de la corne, donne toujours des résultats parfaits, et son emploi tend à se généraliser de jour en jour. On lui reconnaît néanmoins les défauts suivants :

L'épaisseur de la plaque de cuir éloigne le pied du sol et nuit à la solidité de la ferrure.

Pendant la marche et même pendant l'appui en station, le cuir s'aplatit, les clous prennent du jeu et, si on n'a pas la précaution de river ces clous solidement ou de les resserrer, le lendemain de la ferrure, le cheval est exposé à se déferrer.

Le cuir manque souvent de la souplesse suffisante pour se mouler sur le dessous du pied, et il a l'aspect d'une plaque disgracieuse.

L'étoupe se déplace quelquefois et dépasse en arrière; en outre, elle s'oppose à ce que l'on puisse faire couler périodiquement du goudron végétal liquide entre la plaque et la corne. Enfin l'usage de ce procédé contribue à faire échauffer les fourchettes.

Après de nombreuses et longues recherches, nous avons trouvé que le pansement goudronné pouvait être très avantageusement remplacé par une semelle souple et hydrophile, qui permet de supprimer la plaque de cuir et l'étoupe.

Nous avons pu faire fabriquer un type qui résiste à l'usure aussi bien que le cuir souple.

Cette semelle (*fig.* 20) est aussi mince que possible; son application entre le pied et le fer ne nuit en rien à la solidité de la ferrure. Elle se moule parfaitement sous le pied et lui donne

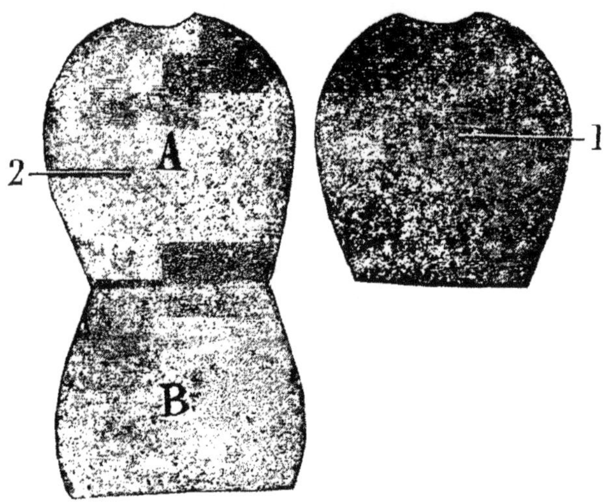

Fig. 20. — Semelle hygiénique « l'hydrophore ».

1. Semelle doublée, vue par sa face qui touche au sol. — 2. Semelle dédoublée. La partie A est rendue hydrophile. — La partie B est destinée à être enduite de goudron végétal sur ses deux faces.

sinon de l'élégance, tout au moins un certain aspect de propreté assez agréable à l'œil. Avec elle, l'emploi de l'étoupe n'est plus nécessaire.

Pour entretenir un pied de cheval dans les meilleures conditions d'hygiène et de conservation, quel que soit le service de ce cheval, la litière et l'état du sol où il est exposé à faire de longues stabulations, on recouvre toute sa face inférieure avec du goudron végétal, on enduit également de goudron les deux faces de la bande supérieure de

Fig. 21. — Pied d'un vieux cheval ferré avec la ferrure mince, couverte et une semelle hygiénique, depuis plusieurs années.

Ce cheval, d'après son origine et son service, était prédisposé aux maladies du pied. Il n'a jamais boité, et ses membres sont restés exempts de tares. La semelle s'use parfois assez rapidement dans sa partie postérieure et libre, lorsque la marche s'effectue sur des terrains irréguliers; mais toute la partie qui recouvre la sole reste intacte, quelles que soient les causes de l'usure.

la semelle hygiénique; on applique cette semelle sous le pied en la moulant sur la fourchette et ses lacunes, et on fixe le fer par dessus (*fig.* 21).

On peut facilement faire couler du goudron végétal, le plus liquide possible, entre la semelle et la corne. On peut en mettre deux fois toutes les semaines. On arrive ainsi à maintenir le dessous du pied goudronné d'une façon permanente.

Après une importante série d'expériences, nous avons pu démontrer que la semelle hygiénique en tissu résistait aussi bien à l'usure que la plaque de cuir et qu'en se moulant parfaitement sous le pied elle maintient la corne constamment imprégnée de goudron, tout en n'altérant pas les fourchettes.

La semelle empêche le contact direct du fer contre le pourtour de la partie inférieure du pied; elle préserve la terminaison des tubes cornés de l'effritement. Elle empêche la corne de se casser et le pied de se dérober.

Le goudron remplaçant l'humidité qui manque aux pieds exposés à la sécheresse, soit pendant la stabulation, soit pendant le travail, le procédé hygiénique conseillé prévient et combat mieux que les fers les plus ingénieux les fâcheuses conséquences de la dessiccation de la corne, c'est-à-dire les resserrements de talons, l'atrophie de la fourchette, l'encastelure. Ce procédé est le meilleur préventif à employer contre les boiteries du pied, seimes, bleimes, foulures de sole, etc.

Les fers considérés comme désencasteleurs ou, mieux, dilatateurs du pied, sont antihygiéniques, malgré toute la vogue qu'ils ont pu avoir.

Au dernier tiers du siècle précédent, on a émis une foule de théories plus séduisantes les unes que les autres, qui ont fait croire que la dilatation d'un sabot resserré, par suite de la dessiccation de la corne, pouvait s'obtenir par la ferrure.

Il serait trop long d'énumérer la grande série de fers dilatateurs inventés jusqu'à nos jours. Nous avouons que nous avons suivi le courant; nous avons même cru pendant longtemps à l'efficacité de certains systèmes auxquels on attribuait la propriété de pouvoir faire dilater le sabot.

Comme tout le monde, nous avons constaté qu'on pouvait, avec certains genres de fers, obtenir un élargissement très sensible du pourtour inférieur du sabot. Mais nous avons été frappé de voir que si, au début de l'application de ces ferrures dilatatrices, les allures semblaient être meilleures; à la longue et malgré l'élargissement de la partie inférieure du sabot, les allures devenaient plus hésitantes qu'avant, et finalement le cheval ferré ainsi devenait boiteux.

La persistance de la boiterie faisait croire à

l'existence de la maladie naviculaire, dont on a beaucoup trop abusé.

En regardant les choses de bien près et à l'aide du moulage des pieds traités par ces procédés de ferrure, on se rend compte parfaitement qu'un fer dilatateur agit bien sur la partie du sabot où il est apposé; mais il n'empêche en rien le retrait de la corne en voie de dessiccation.

Pendant que le pied s'élargit en bas, il se resserre en haut et l'encastelure vraie est transformée en une fausse encastelure qui ne vaut guère mieux. Dans l'un comme dans l'autre cas, il y a compression des organes renfermés dans le sabot.

La ferrure dilatatrice nuit à l'élasticité qui doit se traduire par un double mouvement : l'expansion et la rétraction. L'écartement permanent des talons produit bien l'expansion, mais il empêche la rétraction.

Aucun fer, quelle que soit sa forme, n'est capable de rendre au pied l'élasticité qu'il aura perdue sous l'influence de la sécheresse.

Lorsqu'un sabot se rétrécit, c'est que les éléments de la corne perdent leur souplesse par suite de la déperdition de leur eau de constitution. Ce n'est pas le fer qui empêchera cette déperdition ou qui rendra l'humidité nécessaire au bon agencement des tubes cornés.

Les fourchettes artificielles en gutta-percha et les patins en caoutchouc ne sont pas recommandables; ils durcissent la corne et font presque toujours suppurer les fourchettes.

Si on veut faire usage des patins en caoutchouc pour prévenir les glissages, il faut interposer entre eux et le pied une semelle hygiénique.

Il n'est qu'un moyen qui permette de conserver les chevaux, de rendre leurs allures agréables aussi bien pour le service de la selle que pour l'attelage et de préserver leurs membres contre l'envahissement des tares : c'est de bien entretenir leurs pieds dans les conditions hygiéniques les meilleures.

Si on ne perd pas de vue que la corne est un tissu souple, poreux, hygroscopique qui conserve indéfiniment ses propriétés sous l'influence de l'humidité ou du goudron végétal, on ne s'écartera jamais des principes les plus rationnels pour entretenir les pieds des chevaux dans les conditions les plus favorables.

Puisqu'il n'est pas toujours possible de recourir aux prairies, aux paddocks et aux litières humides, on peut sans inconvénient user largement du goudron et de la semelle hygiénique dès que les chevaux sont mis en service.

D'après nos nombreuses expériences faites depuis plus de dix ans avec le pansement goudronné appliqué sous les pieds dans un but hygiénique et préventif, il résulte que ce procédé présente les plus sérieux avantages. Avec lui, on peut galoper impunément sur les routes sèches ; le goudron et la semelle qui le fixe au pied sont là pour remplacer la prairie et laisseront au sabot toute son expansibilité.

Ces expériences ont été faites dans les conditions les plus diverses sur des terrains les plus variés, à Paris et en Algérie, où les chevaux sont si exposés à se ruiner par suite de la déformation de leurs sabots. D'après les résultats obtenus, on peut considérer ce procédé comme étant le meilleur pour prévenir les boiteries.

FERRURE

La ferrure a toujours été considérée comme un mal nécessaire ; c'est reconnaître qu'elle a de sérieux inconvénients.

Avec elle, l'usure continuelle du sabot ne peut pas se faire et elle empêche de contrebalancer les effets de la croissance constante de la corne. Le pied ferré finit par s'allonger dans des proportions d'autant plus grandes que la ferrure sera plus rarement renouvelée. On ne doit pas attendre qu'un cheval ait usé complètement ses fers pour l'envoyer au maréchal, on doit le faire referrer dès que le sabot est suffisamment allongé.

En raccourcissant l'ongle, le maréchal cherchera à se rapprocher de ce qu'aurait fait la nature, si l'usure s'était faite par le frottement, sur le sol. La quantité de corne à retrancher n'est pas toujours égale à chaque ferrure parce que, selon diverses circonstances, elle pousse plus ou moins vite. Le pied du cheval âgé pousse moins vite que celui du jeune cheval. Une bonne alimentation augmente la poussée de la corne. Les saisons ont aussi leur influence, et c'est au printemps que le sabot s'allonge le plus vite. Le travail, en rendant plus intenses les phénomènes de nutrition, augmente l'activité de la sécrétion cornée.

Ces variations dans la croissance du sabot empêchent de préciser la quantité constante de corne à retrancher lors du renouvellement de la ferrure. Toutefois il est possible, connaissant la longueur normale du pied, de le ramener à cette longueur chaque fois qu'on le raccourcit.

En maréchalerie, l'action de retrancher l'excédent de corne d'un sabot s'appelle : « parer le pied ». Prise dans sa véritable acception, cette expression veut dire embellir. Le terme n'est pas heureux, parce qu'il encourage le maréchal à tailler à tort et à travers dans la corne et, pour embellir le pied, il change la forme naturelle des pièces du sabot. Il creuse la sole outre mesure et diminue le volume de la fourchette. Le rôle du maréchal n'est pas d'embellir un pied, mais de raccourcir habilement l'ongle devenu trop long. Le racourcissement du sabot effectué, il faut ne rien laisser retrancher de son pourtour inférieur. En râpant ce pourtour sous le prétexte de l'arrondir, le maréchal rétrécit le pied et lui fait perdre sa forme évasée. Cette pratique, des plus fâcheuses, doit être combattue si l'on veut éviter que la paroi perde la force qui lui est nécessaire pour supporter l'implantation des clous et pour participer au mouvement d'expansion de la boîte cornée. Si l'état du pied nécessite non pas un embellissement, mais une amélioration dans sa forme altérée par les

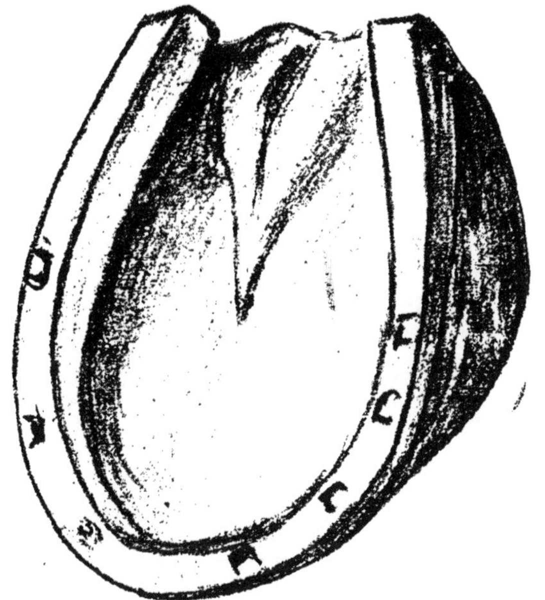

Fig. 22. — Pied ferré avec un fer épais et étroit. La fourchette est trop éloignée du sol pour y faire son appui.

causes citées précédemment, il faut recourir à d'autres agents que les instruments de ferrure.

Le fer, par son épaisseur, empêche le contact de la fourchette sur le sol. Le squelette est mal équilibré avec un pied garni d'une épaisse et étroite armature de fer, parce que la sole sur laquelle reposent les phalanges ne peut pas participer à l'appui (*fig.* 22).

Un hippiâtre célèbre, Lafosse père, a compris

Fig. 23. — Pied ferré avec un fer Lafosse.

les inconvénients de l'épaisseur des fers, et il indique dans un mémoire adressé en 1754 à l'Académie royale des Sciences de Paris, une nouvelle pratique de ferrer les chevaux de selle et de carrosse.

Son fer (*fig.* 23) a une épaisseur qui va en diminuant progressivement d'avant en arrière, et il se termine au milieu des côtés du sabot. Il laisse ainsi la fourchette et les talons porter complètement sur le terrain.

Cette ferrure a été délaissée à cause de sa forme qui ne plaît pas à l'œil.

On a voulu que le fer participe à la parure du pied, et on ne s'est préoccupé que de l'élégance, en imaginant ce type épais et étroit qui convient mieux comme modèle d'épingle de cravate que comme chaussure pour le cheval.

Vers 1880, la ferrure Lafosse a été reprise; son emploi a même eu une certaine tendance à se généraliser.

M. Poret, vétérinaire de la Compagnie générale des Omnibus, lui a fait subir, en 1885, une modification qui rend son application plus facile.

Le fer Poret (*fig.* 24) a ses deux branches aussi longues que les côtés du sabot; son amincissement va en progressant du milieu aux extrémités. Ce fer est donc le fer Lafosse à branches prolongées.

A priori, on peut craindre que cette ferrure amincie n'ait pas la même résistance à l'usure que celle dont l'épaisseur est égale dans toute son étendue. Il n'en est rien; quoique plus mince à ses extrémités, ce fer ne s'use pas plus vite qu'un autre, parce que l'usure d'un fer est trois fois moindre dans sa partie postérieure que dans sa partie antérieure.

Cette ferrure présente l'inconvénient d'avoir

Fig. 24. — Pied ferré avec un fer Poret, dit « fer omnibus ».

une épaisseur inégale; avec elle, le pied repose sur un plan incliné et n'a pas l'aplomb qui lui convient. Pendant qu'on rapproche les talons et la fourchette du sol, on allonge la longueur de la ligne longitudinale en pince, et, par suite, on porte un préjudice sérieux au jeu régulier du membre. Chez le cheval à l'état libre, qui marche les sabots dépourvus de fer, la proportion qui existe entre la hauteur en pince et la hauteur en talons demeure invariable.

On a évalué que le sabot était approximativement deux fois plus haut dans sa partie antérieure et médiane que dans sa partie postérieure. Il est important de respecter l'aplomb du pied, et, pour cette raison, il ne faut pas abuser des ferrures à épaisseur inégale.

Tout en conservant les avantages de la ferrure Poret, on peut très bien la modifier pour combattre le seul défaut qu'il est permis de lui reconnaître. A cet effet, il suffit de donner à tout son pourtour la même épaisseur qu'on donne à ses extrémités.

On a vu précédemment que le fer usait trois fois plus en avant qu'en arrière. On peut s'en rendre compte par l'examen d'un fer ordinaire qui a servi une trentaine de jours (*fig.* 25).

C'est pour cette raison qu'on a cru devoir n'amincir que les extrémités du fer et conserver toute son épaisseur au milieu.

Mais il est très facile de remédier à la rapidité d'usure d'un fer mince ; il suffit pour cela d'augmenter la largeur des parties qui usent le plus.

Pour parler le langage de la maréchalerie, on emploie un fer couvert, et la couverture doit être

Fig. 25. — Fer ordinaire ayant été porté pendant un mois sous le pied d'un cheval.
On se rend compte de la différence d'usure entre les parties postérieures (éponges) et les antérieures (pinces et mamelles).

d'autant plus grande que l'épaisseur est moindre.

A priori, l'idée d'employer un fer plus large

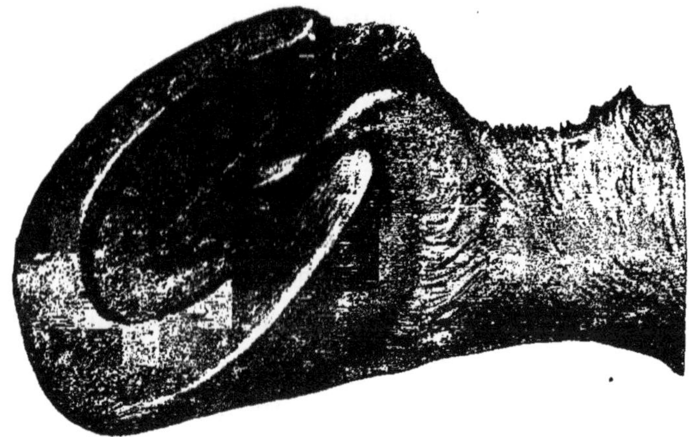

Fig. 26. — Pied ferré avec un fer mince et large.
(Fer couvert dans sa partie antérieure.)

que de coutume semble inadmissible, parce qu'il paraît disgracieux et lourd. Ces arguments n'ont pas leur raison d'être, puisqu'il est très facile de rendre cette ferrure aussi élégante et plus légère que le plus beau type des ferrures usuelles, qui sont pour la plupart antihygiéniques (*fig.* 26).

Le fer mince n'a besoin d'être couvert que dans sa partie antérieure et, puisque l'usure des extrémités est négligeable, on peut les faire aussi étroites que l'on veut.

Après expériences faites sur une assez grande

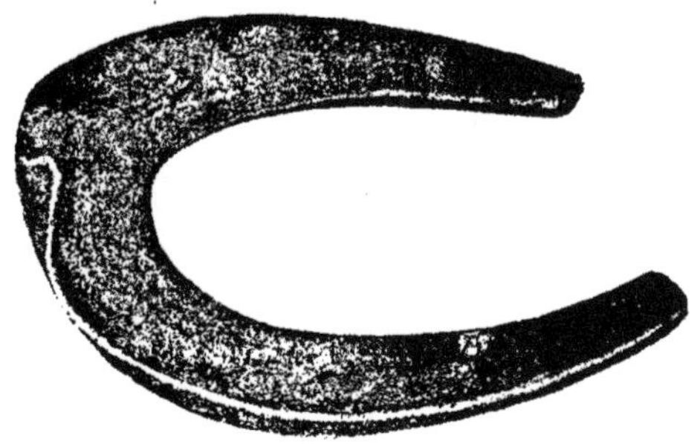

Fig. 27. — Fer mince et très couvert après 48 jours d'usure.

échelle, le meilleur type de ferrure mince, celui qui est le plus gracieux et le plus résistant à l'usure, doit présenter les dimensions suivantes (*fig.* 27) :

La forme de son contour doit correspondre fidèlement à la forme du pourtour du pied, le pourtour inférieur de ce pied n'ayant pas été touché à la râpe.

Son épaisseur, pour un pied moyen, doit être de 6 millimètres. Sa couverture (largeur) doit être au milieu (pince) cinq fois égale à l'épaisseur, et elle doit diminuer progressivement pour n'atteindre que deux fois et demie l'épaisseur aux extrémités (éponges).

A ceux qui, comme du temps de Lafosse, préfèrent que la forme d'un fer à cheval suive la mode, comme la forme de nos bottines, nous ferons remarquer que la mode, dans le cas qui nous intéresse, est souvent un danger très préjudiciable à l'hygiène et à la conservation des chevaux.

Les faits suivants édifieront sur la valeur de la ferrure mince et couverte.

Nous avons fait ferrer plusieurs chevaux de la façon suivante : un pied antérieur avec un fer couvert et mince, le pied antérieur opposé avec le fer ordinaire usuel; le premier de ces fers avait un poids inférieur à celui du second. Lors du renouvellement de la ferrure de ces deux pieds, le fer large et mince aurait pu servir encore, tandis que le fer ordinaire épais était usé à fond, dans les parties antérieures particulièrement.

L'usure était très régulière sur le fer large et mince, parce que l'aplomb du pied y avait été meilleur et la pression d'appui du membre se faisait avec plus de régularité.

Enfin les pieds porteurs de fers minces avaient pris une forme très favorable au mouvement d'expansion du sabot; les fourchettes étaient bien développées, les talons plus écartés.

On peut objecter que plus la ferrure est large, plus elle est glissante.

L'observation et l'expérience permettent de réfuter cette objection. A cet effet nous citerons le cas d'une jument que nous avons pu suivre pendant cinq ans. L'état des pieds de cette jument nécessitait l'emploi d'une ferrure mince et très couverte. Elle a fait un excellent service de voiture dans Paris, en toute saison, sur les terrains les plus glissants, les plus mauvais, sans jamais faire la moindre chute. Elle ne portait ni clous de talon, ni clous à glace, ni patins en caoutchouc. Les fourchettes avaient pris un bon développement et, en portant franchement sur le sol, grâce au manque d'épaisseur des fers, elles assuraient la fixité du pied.

Pour démontrer d'une façon indiscutable que la ferrure mince et large résiste mieux à l'usure que la ferrure très épaisse, mais peu couverte, nous citerons l'expérience suivante :

Au cours des manœuvres de cavalerie de 1899, on a choisi, dans un régiment de dragons, les chevaux qui usent le plus rapidement leur ferrure.

Pendant les manœuvres des années précédentes, on avait été obligé de leur appliquer des fers aciérés très épais. Ces chevaux, au nombre de 105, ont été ferrés avec des fers minces et larges en avant.

On a pu constater que ces chevaux qui, en garnison, c'est-à-dire lorsqu'ils font un service ordinaire, usent leurs fers en vingt-six jours, devaient être ferrés, pendant les manœuvres antécédentes à celles de 1899, tous les quinze jours, et on leur appliquait d'épais fers aciérés. En 1899, avec le fer mince et couvert non aciéré, on est arrivé à leur faire conserver leur ferrure, en manœuvre, pendant une moyenne de vingt jours.

L'éloquence des chiffres dispense de tout commentaire.

La ferrure mince et couverte est, sans contredit, celle qui nuit le moins au pied, c'est celle qui présente le moins d'inconvénients. En tout cas, elle est sensiblement moins antihygiénique que les autres.

En résumé, avec une ferrure mince, appliquée de telle façon que la fourchette puisse bien remplir son rôle de ressort chargé de faire diverger les talons pendant l'appui du pied sur le sol, avec l'entretien de la souplesse de la corne à l'aide du goudron et de la semelle hygiénique, les pieds des chevaux se trouveront dans d'excellentes conditions d'hygiène.

Ce moyen, aussi simple que rationnel, permet de préserver les membres d'une usure prématurée. Il assure la conservation des allures qui donnent au cheval toute sa valeur.

TOURS, IMP. DESLIS FRÈRES, RUE GAMBETTA, 6

www.ingramcontent.com/pod-product-compliance
Ingram Content Group UK Ltd.
Pitfield, Milton Keynes, MK11 3LW, UK
UKHW022129260726
13993UKWH00003B/1318

9 782329 352886